COURTE
DISSERTATION

SUR

L'ORIGINE DU MONDE,

OU

RÉFUTATION

DU SYSTÊME DE LA CRÉATION,

PAR un Négociant dont le nom et la maison de commerce sont très-anciens à Bordeaux.

A BORDEAUX,

De l'Imprimerie de MOREAU, rue des
Remparts-Porte-Dijeaux, n°. 55.

AN SIX DE LA RÉPUBLIQUE.

COURTE
DISSERTATION
SUR
L'ORIGINE DU MONDE,
OU
RÉFUTATION
DU SYSTÊME DE LA CRÉATION.

J. J. ROUSSEAU dit, dans sa précieuse
lettre du 15 Janvier 1769, sur l'existence de DIEU et sur sa providence:
» je me souviens d'avoir jadis rencon-
» tré sur mon chemin cette question
» de l'origine du mal, de l'avoir effleu-
» rée... et que la facilité que je trouvois
» à la résoudre, venoit de l'opinion que

» j'ai toujours eue de la co-existence
» éternelle des deux principes, l'un
» actif, qui est DIEU, l'autre passif, qui
» est la matière, que l'être actif com-
« bine et modifie avec une pleine
» puissance, mais pourtant sans l'a-
» voir créée et sans la pouvoir anéan-
» tir. Cette opinion, continue-t-il,
» m'a fait huer des philosophes à
» qui je l'ai dite : ils l'ont décidée
» absurde et contradictoire. Cela peut
» être, mais elle ne m'a pas paru
» telle, et j'y ai trouvé l'avantage
» d'expliquer sans peine et clairement
» à mon gré tant de questions dans les-
» quelles ils s'embrouillent, entr'au-
» tres celle que vous m'avez proposée
» comme insoluble », dit-il à son
contradicteur.

VOICI quelques reflexions qu'on
pourroit ajouter à l'appui de l'opinion
de ce rare génie, si versé et si grand
juge dans ces matières. Il ne les auroit
pas sans doute désavouées; mais il auroit pû leur donner un meilleur coloris:

pour mettre la vérité de son opinion hors de l'atteinte de quelques philosophes qu'il sembloit craindre, il auroit étayé ces réflexions de toute la force de sa dialectique et de la magie de son style, et se seroit ensuite servi de cette vérité, pour résoudre les grandes questions philosophiques dont il parle.

Tous les philosophes de l'antiquité ont toujours cru que la matière étoit éternelle. Quoique Moïse ait donné à sa nation et dans sa propre langue le Pentateuque, langue qu'elle a en partie perdue dans sa captivité de Babylone, et qui n'est devenue qu'une langue morte depuis sa dispersion parmi les autres peuples, les Juifs eux-mêmes paroissent n'avoir eu aucune idée de la création, pendant que ce législateur les a gouvernés, et qu'ils ont ensuite subsisté sous le gouvernement de leurs juges, et de tous leurs rois de la dynastie de DAVID. Rien ne constate, durant tout

ce long intervalle de siècles que l'idée
en soit venue à leur esprit jusqu'après
leur retour de cette captivité, ni qu'ils
eussent d'autre notion de l'origine
du monde, que celle de sa formation et du développement du
cahos. Mais ce qui donne complète-
ment la preuve qu'en effet Moïse ni
eux n'en avoient pas d'autres, et que le
mot ברא *Bara* du premier verset de
la Genèse, sur la fausse traduction du-
quel les Juifs modernes ont bâti l'idée
de la création du monde, signifioit
originairement, non *tirer une chose
du néant*, mais *former* ou *façonner*
une chose existante différemment
qu'elle n'étoit; c'est que ce mot n'a
et ne peut avoir que cette dernière
acception, dans tous les passages du
Pentateuque, où il est constamment
employé comme le synonime par-
fait de עשה *Gnassa*, *faire* ou *former*.
C'est uniquement dans ce sens que ces
deux termes ont toujours été pris indistinctement l'un pour l'autre, et c'est

sans aucune raison fondée qu'on veut donner à celui de ברא *Bara* la première signification dans ce premier verset :

בראשית ברא אלהים את השמים ואת הארץ

Béréchit bara éloïm et achamaïm véet haaretz, tandis qu'il ne peut s'entendre que dans le sens *in principium*, DIEU *fit ou forma les cieux et la terre.*

MAIS pour s'en convaincre davantage, on n'a qu'à considérer toute la suite de ce premier texte de la Genèse, dont rien d'antérieur ne détermine la signification, et on n'en pourra nullement douter ; puisqu'elle n'exprime d'une manière sublime, dans tout l'ouvrage des six jours figuratifs employés à cette grande opération, que le comment ou narré de cette formation du ciel et de la terre, qui n'avoient encore aucune existence propre, et qui même ne pouvoient en avoir aucune possible , que dans le sujet ou la matière qui a servi à les former. Cette suite porte que *la terre,* ou ce qui n'avoit d'autre expression que le même mot Hébreu, *la matière étoit informe et nue, les ténèbres couvroient la surface de l'abîme, et l'esprit de D I E U agitoit la superficie des eaux. DIEU dit: que la lumière soit faite, et la lumière fut faite. DIEU vit que la lumière étoit bonne, et il sépara la lumière des ténèbres.... DIEU dit: que le firmament soit fait au milieu des eaux; qu'il sépare les eaux des eaux, et DIEU fit le firmament, sépara les eaux qui étoient sous le firmament de celles qui étoient au-dessus du firmament.... et il donna au firmament le nom de cieux....... DIEU dit: que les eaux de dessous les cieux se rassemblent en un seul lieu, et que le sec paroisse; ce qui fut fait ainsi, et il donna le nom de terre à ce qui étoit (resté) sec, et aux eaux rassemblées le nom de mers.* Toute la continuation du même

narré n'est que le détail de la formation de l'homme, et de tout ce que
renferment le ciel et la terre, com-
posant l'univers entier dans le sens
du narrateur, et ne contient rien qui
puisse faire concevoir ni admettre une
création, comme on pourra plus com-
plètement s'en convaincre ci - après,
par l'ensemble de cette narration,
que nous avons fidellement traduite
de l'original hébreu, et par l'examen
approfondi que nous en ferons; cet
examen finira aussi de prouver que
la création n'est qu'une pure invention
moderne; que Moïse, qu'on peut ne
considérer que comme législateur et
le plus grand philosophe de son siècle
et de beaucoup de siècles postérieurs,
n'a jamais autorisé cette idée fantas-
tique; et que sa narration de l'origine
du monde, n'y auroit pu donner
lieu, si elle n'avoit été faussement
interpretée

Raisonnons maintenant sur la
constitution des choses, autant que

notre foible conception peut nous la faire appercevoir. S'il est un principe certain dans la philosophie, c'est que rien ne se fait de rien; et c'est pourtant ce qui seroit arrivé dans la création du monde, puisque le sujet et les modifications auroient commencé à exister. Pour créer, il faudroit qu'un sujet ou une substance qui n'étoit pas, sortît du néant; et par conséquent, il faudroit que ce qui n'existoit pas, existât; c'est-à-dire, que l'être et le néant s'alliassent ensemble.

QUAND on supposeroit qu'une substance qui n'est pas, fut possible, il ne sauroit se faire qu'elle parvînt jamais à exister : car pour cela il faudroit la faire passer de l'état de pure possibilité à l'état d'existence, et c'est ce que la raison ne peut pas admettre. L'état de possibilité dont il est question, n'est pas un être différent du néant. Du néant à l'être existant, il y a une distance infinie qu'aucune puissance ne peut jamais franchir.

Si nous examinons en elle-même la puissance créatrice, les difficultés ne feront que se multiplier de plus en plus. La puissance qui donne l'existence à une chose, ne la fait exister que par son action sur elle. Donner l'existence ou créer, c'est agir. Ce n'est que par l'application de sa force, que l'être agissant produit. S'il n'y a point de sujet sur lequel la puissance qui agit applique sa force, il ne se fait point d'action ; car agir ou exercer une force et l'exercer sur rien, est une contrariété formelle. La puissance créatrice qui ne suppose pas de sujet sur lequel elle agisse, est une puissance impossible. C'est une véritable contradiction.

On tenteroit vainement d'éviter cette contradiction, en voulant supposer que la puissance créatrice n'a pas besoin d'un sujet sur lequel elle agisse pour créer ; car dans cette supposition, il seroit toujours vrai que cette puissance feroit, de ce qui n'existe

pas, un être existant ; et que par conséquent elle uniroit et confondroit le
néant et l'être.

On n'éviteroit pas non plus cette
contradiction , en supposant que cette
puissance ne feroit point un être de
ce qui n'est pas, et en disant encore
qu'elle ne feroit que faire passer cet
être de l'état de pure possibilité à l'état
d'existence : car, entre la possibilité des
choses et leur existence , il n'y a aucun
rapport; ces deux termes sont séparés
par une distance illimitée et sans bornes,
dans leur totale incompatibilité. La
puissance créatrice, qui n'est féconde,
que de son action, ne pourroit pas remplir cet intervalle énorme ; ni réunir
ces deux termes ; elle ne pourroit donc
pas plus faire passer une substance de
la possibilité à l'existence , que du
néant à l'être existant.

Enfin on ne pourroit sauver cette
contradiction, qu'en disant que la
puissance créatrice n'a pas besoin d'un
sujet sur lequel elle agisse, pour don-

ner l'existence à ce qui n'en a pas, et qu'il lui suffit d'agir sur elle-même, pour tirer les êtres du néant. Mais alors elle ne pourroit les tirer que d'elle-même. Ce seroit tout à la fois contredire la création qu'on veut attribuer à cette puissance, admettre en elle un composé de matières qu'elle pourroit extraire de son sein, et tomber dans le plus complet matérialisme.

La nature entière ne nous offre rien qui nous donne l'idée d'une puissance créatrice, ni d'une puissance annihilatrice. Tous les êtres nouveaux ne sont et n'ont toujours été que des modifications ou des changemens produits dans des êtres existans, de même que tous les êtres extans ne cessent pas d'exister, par les nouvelles modifications qui s'opèrent en eux; et quelqu'effort que nous fassions pour nous élever à l'idée d'une puissance qui tire l'être du néant, ou qui replonge dans le néant un être existant, nous ne pouvons y parvenir. Au-delà d'une puissance productrice, modifiant les choses existantes, donnant aux êtres organisés la vie ou la mort, et aux êtres inanimés toutes les formes que nous voyons opérer, et que nous pouvons nous-mêmes quelquefois effectuer, nous n'appercevons ni ne concevons plus rien. La puissance créatrice est donc pour nous une puissance purement chimérique, que les docteurs de la loi ou nouveaux prêtres Juifs, ont propagée et généralement transmise aux autres prêtres chrétiens et mahométans ; mais la philosophie ne doit point l'admettre, et doit la reléguer au nombre des idées fantastiques que l'imagination enfante dans le délire du sommeil. Aussi cette puissance n'est-elle jamais venue à l'esprit des plus célèbres philosophes de l'antiquité, lorsqu'ils ont cherché par d'immenses conceptions l'origine des choses.

Lors même que cette puissance ne seroit pas impossible en elle-même, elle répugneroit dans l'être suprême auquel ses partisans l'attribuent, sur l'ambigu témoignage des mêmes Juifs modernes, et sur la fausse interprétation qu'ils ont donnée à un mot de leur Pentateuque, comme quelques philosophes l'ont soupçonné. Dans les principes des protecteurs de la création, comme dans ceux de tout homme de sens et de bonne foi, l'être suprême n'est point une force aveugle et nécessaire ; c'est une intelligence qui connoît ce qu'elle fait, et qui le fait par sa libre volonté. Cet être n'a donc pu créer l'univers, sans avoir l'idée de tous les êtres qu'il renferme : or, comment a-t-il pu connoître ce qui n'existoit pas ? L'existence est la première des propriétés. C'est par leurs propriétés que toutes choses s'apperçoivent. Il faut être, avant de posséder aucune propriété, et de pouvoir être connu. Les idées de Dieu ne pouvoient donc se fixer que sur lui seul, qui existoit. Il a pu, sans doute, non pas créer des subs-

tances corporelles, pas même créer
des anges , des esprits qu'on doit
supposer plus analogues à lui, mais
faire dans l'homme une émanation
infiniment petite de sa propre nature,
et une infiniment moindre encore
dans certains animaux, qui nous paroissent plus particulièrement partici-
per à une foible partie des facultés de
l'homme. Mais comment DIEU auroit-il connu dans lui-même, c'est-à-
dire, dans une substance simple, im
matérielle, des idées ou images capa-
bles de représenter des corps matériels
et solides qui n'existoient pas ? Il n'a
donc pu les créer.

EN supposant que les idées de tous
les êtres matériels eussent été con-
nues de DIEU avant la création, elles
ne seroient pas l'ouvrage de sa volonté, elles seroient éternelles, néces-
saires, immuables comme lui. Mais
ces idées, où existeroient-elles? Existeroient-elles en elles – mêmes et seroient-elles indépendantes de DIEU,

ou

ou n'en seroient-elles pas indépendantes ? Si ces idées sont distinctes de DIEU , voilà des êtres éternels comme DIEU , qui n'ont pas reçu l'existence de lui , et l'on ne voit pas pourquoi la matière et les corps ne pourroient pas avoir de même toujours existé indépendamment de DIEU , aussi bien que les idées qui les représentent. Si toutes ces idées ou représentations des corps ne sont pas distinctes de DIEU, et si elles existent en lui, il faut donc que la substance divine en soit composée, et qu'elles en fassent partie; ce qu'aucun partisan de la création n'oseroit avouer. Il est donc certain que l'être suprême , auquel ils attribuent la puissance créatrice , n'a pu connoître avant la création les êtres matériels que l'univers renferme , et que supposé qu'il les eût créés, ce n'auroit pu être que par une force ou une impétuosité aveugle et nécessaire , qui ne seroit pas différente du destin ou de la nécessité de LEUCIPE ,

B

de ZENON, d'EPICURE, etc.; ce qu'on
oseroit encore moins avouer. Il faut
donc en conclure, que DIEU n'a pas
créé la matière inerte et passive de
l'univers, et qu'il n'a pu, par son action
sur elle, que la modifier, l'organiser,
et en former les êtres que nous voyons
sur la terre et dans les cieux.

MAIS, pourroit-on dire, comment DIEU, qui n'est qu'un être simple, immatériel, a-t-il pu modifier
et organiser les substances matériel-
les, si ce n'est par sa suprême volonté?
Cette suprême volonté, pourroit-on
encore dire, comment peut-elle agir
sur des êtres corporels? Nous n'en
savons rien. Il nous suffit d'être
assurés que cela est ainsi, pour ne
pas nous inquiéter de ne pas savoir
comment cela s'opère, et nous jugeons
de DIEU qui est souverainement actif,
et de son action sur les corps matériels, par nous-mêmes à qui il a dé-
parti une portion infiniment petite de
ses facultés sur eux. Nous n'ignorons

pas plus, dit très-bien J. J. Rousseau, comment la volonté de Dieu
peut agir sur tous les corps, que comment la nôtre peut déterminer nos actions sur nos bras, sur notre propre
corps, et sur tous les corps environ-
nans. C'est ce qui restera à jamais
impénétrable à l'homme, et qu'il
n'appartient de savoir qu'à cet être souverainement actif, seul et unique principe de notre volonté et de nos actions.

QUAND enfin on supposeroit que
Dieu ait eu de toute éternité les
idées de tous les corps, qu'il ait pû
les tirer du néant, et que la matière
ait quelque rapport avec quelqu'une
des idées de l'être suprême, pour
avoir déterminé sa volonté à lui donner l'existence qu'elle n'avoit pas ;
pourquoi ce rapport de Dieu à la matière non-existante, existant lui-même
de toute éternité, ne l'auroit-il pas
décidé à la créer de toute eternité,
et pourquoi ne pourroit-on pas dire
qu'elle est éternelle comme lui, ainsi
que tout se réunit pour nous en con-

vaincre ? Pourquoi ce rapport ou motif déterminant est-il resté sans effet
pendant toute l'éternité ? Pourquoi
n'eût-il agi que depuis quelques mil-
liers d'années ? Ainsi chaque pas que
l'on fait dans le système de la création *rabinique*, découvre de nouvelles
contradictions et de nouvelles difficultés, qu'on élude, mais auxquels on ne
peut répondre. On ne sort d'un gouf-
fre d'absurdités, qu'en se précipitant
dans un autre. Ce système a infiniment
plus d'obscurité et d'embarras que n'en
a, malgtré toute son évidence ou extrême probabilité, le système de l'être suprême combinant et modifiant, avec
une pleine et entière puissance, la matière inerte et passive, mais incréée et
inanéantissable ; sans qu'au flambeau
de la raison il puisse avoir pas un de
ses avantages, que J. J. ROUSSEAU
apprécioit tant, et qu'il avoit si bien
raison d'apprécier. Nous laissons à
de plus fortes plumes que la nôtre,
à en tirer toutes les grandes ressour-
ces philosophiques que cet illustre.

auteur trouvoit, de son aveu, si faciles pour lui.

Nous nous bornerons, et c'est notre principal objet, à donner l'ensemble que nous avons annoncé, de la narration de l'origine du monde, fidellement traduite de l'original hébreu de la Genèse, et à analyser, par des notes que nous mettrons au bas, tous les passages qui ont servi de fondement à la prétendue création du ciel et de la terre, afin de démontrer la fausseté de l'interprétation qu'on en a donnée, et que loin d'avoir aucun rapport avec une extraction de toutes choses, opérée sur le néant, ils prouvent exactement le contraire. Par ce moyen il ne restera plus aucun appui à cette chimère de la création, que toutes les armes de la philosophie n'ont jamais pû détruire, parce qu'elles n'en avoient pas encore sappé ni brisé la plus forte base, celle qui faisoit taire la raison. C'est ce que nous croyons avoir fait et avoir porté jusqu'à la dernière évidence.

NARRATION

Que fait la Genèse de l'origine du monde, traduite de l'original hébreu.

Au commencemént DIEU *fit* (ou *forma*) les cieux et la terre (1); la

---

(1) Moïse emploie le mot. ברא *Bara* dont il s'agit, pour désigner ce que dans le texte nous indiquons par-tout en lettres italiques, et s'en sert toujours indistinctement avec le mot עשה *Gnassa*, pour exprimer les verbes *faire* ou *former.* Nous ne croyons pas qu'on soit fondé à soutenir, au mépris de l'extrême identité de ces deux expressions hébraïques parfaitement synonimes, et de leur même et constante application, que le premier terme énonce que DIEU créa les cieux et la terre: car, comme nous l'avons dit au commencement de notre

(terre ou) matière étoit informe et

---

dissertation , les cieux et la terre auroient dès - lors existés, s'ils avoient été
créés ; ce qui n'est pas. La preuve indu-
bitable en est, qu'il n'existoit encore ,
hors DIEU, que le cahos, que MOÏSE nous
donne ensuite , et immédiatement après,
le détail de la formation des cieux,
de la terre et de tout ce qu'ils renferment , dans l'ouvrage des six jours, et
que nous n'y voyons nullement aucune
espèce de création ; puisque tout a été
tiré du cahos. MOÏSE au contraire n'a
donc d'abord voulu ni entendu établir
autre chose , si ce n'est que l'origine des
cieux et de la terre , étoit une formation et le développement de la matière
informe, opérés par l'Etre suprême. Il a
sauvé, dans ce développement du cahos et
dans cette organisation de l'univers, l'ex·
trême difficulté inséparable d'un sujet
aussi vaste et aussi profond, en nous
le détaillant de la manière la plus simple, la plus sublime et la plus lumi-
neuse , que les docteurs de la loi ou

nue (1), les ténèbres couvroient la
surface de l'abîme, et l'esprit de DIEU
agitoit la superficie des eaux (2). DIEU

---

nouveaux prêtres Juifs n'ont fait que
remplir de confusions, d'obscurité, de
contradictions et d'absurdités, à la suite
de près de mille ans écoulés, depuis la
promulgation qu'en a fait Moïse, en y
substituant la fausse interprétation d'une
extraction chimérique de toutes choses,
opérée sur le néant, dont rien dans la
nature n'a pu fonder l'idée.

(1) Nous avons déjà dit que la matière n'avoit d'autre expression que le
même mot hébreu qui désigne la terre,
et que le Pentateuque ne distingue pas
ces deux choses l'une de l'autre.

(2) Dans plusieurs autres passages, le
Pentateuque emploie la même expression, *esprit de DIEU*, pour désigner
un grand vent, une tempête. C'est pourquoi on a tort et SACI a lui-même
tort, dans la traduction française qu'il
a donnée de cet ouvrage, puisée dans

dit: que la lumière soit faite, et la lumière fut faite. DIEU vit que la lumière étoit bonne (1), et il sépara
la lumière des ténèbres. DIEU nomma
la lumière jour, et appella les ténèbres nuit, et du soir et du matin se
composa un jour (2).

---

la version de la Vulgate, d'appliquer
ce mouvement corporel, non aux eaux,
mais au propre esprit de DIEU.

(1) Voici encore un seul et même
mot hébreu qui signifie plusieurs choses,
bien, *bon* ou *bonne*, que la langue hébraïque ne distingue pas.

(2) Le texte hébreu ne dit pas le premier
jour, comme le porte la bible de Saci,
mais *un jour* pour exprimer la distinc-
tion que fait MOïSE entre le jour arti-
ficiel dont il venoit de parler, que ré-
pand le soleil lorsqu'il est sur l'horizon,
et le jour naturel ou de 24 heures dont
il est ici question, que détermine le
mouvement de rotation de la terre sur
son axe, et qui commençoit le soir à

Dieu dit : que le firmament soit
fait au milieu des eaux, qu'il sépare
les eaux des eaux, ét Dieu forma
le firmament et sépara les eaux qui
étoient sous le firmament de celles
qui étoient au-dessus du firmament ;
ce qui fut fait ainsi. Dieu nomma le
firmament cieux, et du soir et du matin se composa le second jour.

Dieu dit : que les eaux de dessous
les cieux se rassemblent en un seul

---

l'instant du coucher du soleil ; différent
en cela du jour astronomique, qui commence lorsque le soleil est au méridien
du lieu où l'on est, et de notre jour
civil qui commence 12 heures aupara-
vant. Nous ne parlerons point, ni ce n'est
notre objet, de toutes les autres erreurs,
de tous les contresens et inexactitudes
qu'a commis le même auteur, tant dans
le narré de l'origine du monde, que
dans une grande quantité d'autres en-
droits de son ouvrage, infiniment esti-
mable d'ailleurs.

lieu, et que le sec paroisse ; ce qui fut fait ainsi, et DIEU donna à ce qui étoit (resté) sec, le nom de terre, et aux eaux rassemblées le nom de mers. DIEU vit que cela étoit bien, et il dit : que la terre produise des herbes, des plantes portant semence, et des arbres donnant sur la terre des fruits qui renferment en eux leur semence selon leur espèce ; ce qui fut fait ainsi, et la terre produisit des herbes, des plantes portant semence selon leur espèce, et des arbres donnant des fruits qui renferment en eux leur semence selon leur nature. DIEU vit que cela étoit bon, et du soir et du matin se composa le troisième jour.

DIEU dit : qu'il y ait des luminaires dans le firmament des cieux pour séparer le jour de la nuit, marquer les temps et les saisons, les jours et les nuits ; qu'ils servent de flambeau dans les cieux pour éclairer la terre ; et cela fut fait ainsi. DIEU fit donc les deux

grands luminaires, le plus considé-
rable pour présider le jour, et le moindre pour présider la nuit, ainsi que
les étoiles. DIEU les plaça dans le firmament des cieux, pour éclairer la
terre, présider le jour et la nuit, et
séparer la lumière de l'obscurité; ce
qu'il vit être bien, et ce qui du soir
et du matin composa le quatrième
jour.

DIEU dit: que les eaux produisent
des animaux vivans, qu'il y ait des
oiseaux qui volent sur la terre et s'é-
lèvent sous le firmament des cieux,
et DIEU *forma* les grands poissons,
tous les animaux vivans que produi-
sîrent les eaux selon leur espèce, et
tous les oiseaux aîlés selon leur nature (1). DIEU vit que cela étoit bon,
et il les bénit en disant : propagez,
multipliez et remplissez les eaux, les
mers, et que tous les oiseaux se mul-

---

(1) Voyez à ce sujet la note suivante.

tiplient sur la terre ; ce qui du soir et du matin composa le cinquième jour.

Dieu dit : que la terre produise des animaux vivans selon leur espèce , des quadrupèdes , des reptiles et des insectes selon leur nature ; ce qui fut fait ainsi , et Dieu forma les animaux terrestres selon leur espèce , les quadrupèdes selon leur nature ; et tout ce qui se meut sur la terre suivant son espèce ; ce qu'il vit être bien , et Dieu dit : faisons l'homme à notre image et à notre ressemblance, qu'il domine sur les poissons de la mer , sur les oiseaux des cieux , sur les quadrupèdes, sur la terre entière, sur les reptiles , sur tout ce qui se meut sur la terre, et Dieu *forma* l'homme à son image (2),

_____

(1) Moïse se sert du mot בָּרָא *Bara*, dont il est si fort question , particulièrement pour exprimer la formation dè l'homme, celle des grands poissons, de tous les animaux vivans que produisirent les eaux, et celle des oiseaux; ce

le *forma* à l'image de DIEU, le *fit*
mâle et femelle, et les bénit en leur

---

qui est encore une des preuves évidentes
la vérité que nous avons établie, que
c'est sans aucune espèce de motif ni
de raison fondée, et contre la teneur
de toutes les expressions du texte hébreu, qu'on veut faire signifier à ce mot
une création ; puisqu'à l'égard des grands
et des petits poissons, MOÏSE dit en même
temps que *c'étoient tous ceux que*, par
l'ordre de D I E U, *les eaux avoient pro-*
duits, ce qui est incontestablement la
même formation que DIEU en a faite ;
et à l'égard de l'homme, MOÏSE dit
expressement que DIEU ne s'est proposé
que de le faire, non de le créer, et DIEU
a d'autant moins pu l'avoir tiré du néant,
comme on le prétend faussement, et man-
quer en cela à son propre décret, que le
texte dit expressement ensuite qu'il a été
tiré ou formé de la poussière de la terre.
Ainsi ce terme hébreu n'est, comme nous
l'avons souvent démontré, et comme nous
finirons de le prouver avec la dernière
évidence, que le parfait synonime du

disant : propagez, multipliez et remplissez la terre, assujettissez-la, et do-
minez sur les poissons de la mer,
sur les oiseaux des cieux, sur tous les
animaux qui se meuvent sur la terre,
et il leur dit : voilà que je vous ai

---

mot עשה Gnassa, faire ou former, et
n'exprime uniquement que la même chose.
La langue hébraïque a de même beaucoup d'autres termes qui ne signifient
entr'eux qu'une seule et même chose, et
beaucoup de mots qui désignent chacun
plusieurs objets différents, comme nous
en avons déjà donné quelques exemples que, sans les prendre ailleurs,
la narration même nous fournissoit ;
ce qui ajoute beaucoup à la beauté
et à l'énergie de la poésie hébraïque,
tandis qu'il y a dans cette langue une
grande multiciplité d'autres choses qui
manquent absolument d'expression. C'est
le propre de toutes les langues pauvres,
avec lesquelles l'hébreu a cela de com-
mun, d'abonder beaucoup dans un sens,
et de vicier infiniment plus dans l'autre.

donné toutes les plantes portant semence qui sont sur la surface de la
terre, et tous les arbres qui donnent
semence, afin de vous en nourrir, et
à tous les animaux terrestres, à tous
les oiseaux des cieux, et à tout ce qui
se meut et vit sur la terre, je leur ai
donné toute la verdure des champs
pour les alimenter, ce qui fut fait ainsi.
DIEU vit que tout ce qu'il avoit fait
étoit supérieurement bien, et du matin et du soir se composa le sixième
jour.

LES cieux, la terre et tout ce qu'ils
renferment étant achevés, et DIEU
ayant terminé au septième jour toute
l'opération qu'il avoit faite, il se ré-
posa le septième jour de tout le tra-
vail qu'il avoit effectué, et il bénit et
sanctifia ce septième jour ; parce qu'en
ce même jour il cessa tout l'ouvrage
qu'il avoit *fait* et formé (1).

---

(1) C'est-à-dire, il cessa tout l'ouvrage

Telle est la génération des cieux
et de la terre dans leur *formation*, (1.)

qu'il avoit *fait et parfait*, ou *très-fait*, con-
formément à l'usage de la langue héhraï-
que, d'exprimer constamment le super-
latif par la répétition du même mot ou
de son synonime, comme par exemple
bon-bon pour *très-bon*, ou comme les deux
synonimes dont il est de même ici question ; ce qui prouve encore leur parfaite
et invariable synonimité, et l'identité
complète de leur signification.

(1) Voilà finalement encore ces
mêmes deux mots hébreux qui, sans
chercher des exemples plus loin, sont
pris pareillement ici pour synonimes ;
puisque ce n'est évidemment pas une
création *des cieux et de la terre qui fut*
effectuée, au jour que DIEU *fit la terre,*
les cieux, etc. et MOÏSE vouloit et enten-
doit irrévocablement si peu, qu'on prit
jamais l'origine des cieux et de la terre
pour une création, qu'en terminant la
narration qu'il en fait, il ne le qualifie que
d'une simple génération. Ainsi nous avons

au jour que DIEU fit la terre et les cieux, qu'il fit toutes les plantes de la campagne avant qu'elles fussent sorties de la terre, et toutes les herbes des champs avant qu'elles eussent végétées ; car le Seigneur DIEU n'avoit pas encore fait pleuvoir sur la terre, et il n'y avoit point d'hommes pour la

---

prouvé qu'il ne se trouve aucun passage de la Genèse sur l'origine du monde où le mot ברא *Bara* soit employé, qui ne désigne évidemment une véritable formation des cieux et de la terre, et qui ne manifeste visiblement la fausseté de l'interprétation, qu'au mépris du vœu invariable de MOÏSE, les nouveaux prêtres Juifs lui ont donnée : conséquemment, comme nous n'avons cessé de le dire et de le prouver jusqu'à la dernière évidence, on doit être à jamais convaincu que la création du monde, n'est qu'une invention purement moderne, que Moïse n'a point autorisée, et à laquelle la Génèse n'auroit nullement pu donner lieu, si elle n'avoit été faussement interprêtée.

labourer ; mais il sortoit de la terre
une fontaine qui en arrosoit toute la
surface.

FIN.

FIN.

www.ingramcontent.com/pod-product-compliance
Lightning Source LLC
Chambersburg PA
CBHW060521210326
41520CB00015B/4254